I0567363

.

جهـان

فیزیک و اصول ریاضی

جهان

$$S= M^{x}E^{n}$$

Space

قیصر خسروان

در آغاز نامتناهی بود. نامتناهی فضا بود. در فضا زمان نبود. فضا جهان شد و ما در آن جای گرفتیم.

سریال کتاب: P225390100

عنوان: فیزیک و اصول ریاضی جهان

پدید آورنده: قیصر خسروان (محمد کللی)

طراح جلد: KPH Design

کانادا شابک/ISBN: 9-25-990760-1-978

موضوع: فیزیک، علوم

نام انگلیس اثر: Physics and the World Mathematical Principles

مشخصات کتاب: سایز رقعی/ Papreback

تعداد صفحات: ۳۲

تاریخ نشر در کانادا: می ۲۰۲۲

Kidsocado Publishing House

خانه انتشارات کیدزوکادو

ونکوور، کانادا

تلفن : +1 (833) 633 8654

واتس آپ: +1 (236) 333 7248

ایمیل : info@kidsocado.com

وبسایت انتشارات: https://kidsocadopublishinghouse.com

وبسایت فروشگاه: https://kphclub.com

سلام هم زبان

دستیابی ایرانیان مقیم خارج از کشور به کتاب‌های بسیار متنوع و جدیدی که به تازگی در ایران نگاشته و چاپ می‌شوند، محدود است. ما قصد داریم این خدمت را به فارسی زبانان دنیا هدیه دهیم تا آنها بتوانند مانند شما با یک کلیک کتاب‌هایی در زمینه های مختلف را خریداری کنند و درب منزل تحویل بگیرند. **گروه KPH و یا خانه انتشارات کیدزوکادو** تحت حمایت گروه کیدزوکادو این افتخار را دارد تا برای اولین بار کتاب‌های با ارزش تألیفی فارسی را در اختیار ایرانیان مقیم خارج از ایران قرار دهد.

از اینکه توانستیم کتابهای جدید و با ارزشی که به قلم عالی نویسندگان و نخبگان خوب ایرانی نگاشته شده است را در اختیار شما قرار دهیم و در هر چه بیشتر معرفی کردن ایران و ایرانیان و فارسی زبانان قدم برداریم، بسیار احساس رضایتمندی داریم.

این کتاب‌ها تحت اجازه مستقیم نویسنده و یا انتشارات کتاب صورت گرفته و سود حاصله بعد از کسر هزینه‌ها، به نویسنده پرداخته می شود.

خانه انتشارات کیدزوکادو در قبال مطالب داخل کتاب هیچگونه مسئولیتی ندارد و صرفاً به عنوان یک انتشار دهنده می‌باشد. شما خواننده عزیز می‌توانید ما را با گذاشتن نظرات در وب سایتی که کتاب را تهیه کرده‌اید به این کار فرهنگی دلگرم‌تر کنید. از کامنتی که در برگیرنده نظرتان نسبت به کتاب است عکس بگیرید و برای ما به این ایمیل بفرستید. و کتاب از ما هدیه بگیرید.

ایمیل : info@kidsocado.com

فهرست:

پیش نوشتار

اثر پیش رو حاوی چند باور من نسبت به موضوع های کلان فیزیک کیهانی از جمله نور و فضا و نیروهای بنیادین می‌شود. در این کتاب هر چند نگرش و نگارشی نو نسبت به این چند موضوع ارائه می‌شود ولی نهایت تلاش را دارم تا استدلالی منطقی برای اثبات آن‌ها ارائه شود و فلسفه یی روشن پشتیبان آن‌ها باشد.

از آن جایی که از یک بستر فلسفی به جانب فیزیک آمده ام نگرش و نگارشم اساسن متکی بر استدلال است و به جز چند مورد انگشت شمار به جانب فرمول و فرمول سازی نرفته‌ام. هر چند که فلسفه و فیزیک به غایت سخت و پیچیده هستند اما نهایت تلاش را داشته ام تا آثارم قابل فهم و روان تر در دسترس مخاطب قرار گیرند.

برای یک تز خوب شاخصه های فراوانی بر شمار می‌شود. اما من تمامی این شاخصه ها را در دو ویژگی جمع آوری می‌کنم. نخست سادگی و دوم استدلال های روشن و منطقی شاخصه‌های اصلی و اساسی برای یک تز خوب هستند.

بر همین اساس در این کتاب و در دیگر کتاب ها و مقالاتم تمامی تلاشم متوجه ی این مهم بوده تا این دو اصل اساسی را در نگارش رعایت کنم و اثری در اختیار مخاطبم قرار دهم که هم قابل فهم باشد و هم براساس استدلال های علمی و منطقی استوار شده باشد.

قیصر خسروان

۱- فروردین- ۱۴۰۱

مطلق[1]

جهان پُر است.

این جمله بدین معنا نیست که جهان وضعیتی ژله یی و فضا زمانی داشته
باشد. جهان با ماده و انرژی پر است. البته آن گاه که از ماده و انرژی
سخن می‌گویم روی دیگر سکه را هم در نظر داشته و منظور از ماده و
انرژی تنها ماده و انرژی روشن نیست بلکه ماده و انرژی تاریک را هم
در نظر داشته‌ام. پس بر اساس این باور فضای مطلق را ماده و انرژی
روشن و ماده و انرژی تاریک و پادماده پر کرده‌اند.

در مطلقی که من آن را فضای مطلق می‌نامم خلاء وجود ندارد. چون
وجود خلاء و فضای خالی دلالت بر وجود نیستی می‌کند. در اصل
خلاء برابر با نیستی است و از آن جایی که نیستی نمی‌تواند وجود
داشته باشد و هر آن چه را که ما نیستی بنامیم برابر با هستی است پس
نتیجه می‌شود خلاء و نیستی و هیچ که هر سه دارای یک مفهوم هستند

---

[1] بی کران. در این مورد و در این بخش از کتاب واژه‌ی پارسی "بی‌کران" می‌تواند جایگزین
مناسبی برای واژه‌ی مطلق باشد. اما از آن جایی که دانش فیزیک در جامعه‌ی ما مأنوس با واژه‌ی
مطلق است و مخاطب ما بدین گونه بهتر می‌تواند با متن رابطه برقرار کند من نیز واژه‌ی مطلق
را برگزیدم.

نمی‌توانند وجود داشته باشند. اما دوستان فیزیک دان و به خصوص از نوع کوانتومی آن برای هر باوری و حتا برای باور نیستی فرمول و معادله می‌سازند و بدین گونه تلاش بر به کرسی نشاندن سخن خود دارند[۲]. دستگاه چرخ گوشت فرمول ما را ناامید نمی کند و هر چیزی را چرخ می کند و چیزی را به بیرون می ریزد. کافی است ما اعداد و اشکال را در این چرخ گوشت هالیوودی بریزیم و این چرخ گوشت به ما پاسخ دل خواه را خواهد داد.

مطلوب و دل خواه ما هر چه می‌خواهد باشد فرمول ما را ناامید نمی‌کند. مطلوب و دل خواه ما می‌تواند "نیستی" باشد و می‌تواند "گذر هم زمان یک ذره از دو سوراخ موازی "باشد و می‌تواند" چرخش های متناقض و هم زمان یک ریسمان" باشد. هر خواسته‌یی که داشته باشیم فرمول ما را ناامید نمی‌کند. تنها کافی ست مقداری تلاش و صبر داشته باشیم تا از چشمه های پر برکت این چرخ گوشت خواسته و مطلوب ما چرخ شده به بیرون ریخته شود.

هم چنین در مطلق و بی کرانی که در این متن از آن سخن می‌رود فضا و زمان با یک دیگر وضعیت اقترانی ندارند و یکی نمی‌شوند تا بُعد خمیده را بوجود آورند. بلکه اساسن در این مطلق و بی کران زمان وجود ندارد که بخواهد با فضا وضعیتی اقترانی داشته باشد. نه در کل و

---

۲ فیزیک "کوانتوم". شاید بهتر باشد فیزیک کوانتوم را "فیزیک تضادها " نامید. برخی از فیزیک دانان حوزه‌ی کوانتوم بر این باورند مهم ترین شاخصه‌ی فیزیک کوانتوم این است که هیچ کس نمی‌تواند ادعای فهم کامل و درست آن را داشته باشد. فیزیک کوانتوم می‌تواند تضادهایش را در جهان نظر طرح کند اما در جهان واقع در برابر فیزیک کلاسیک کرنش خواهد کرد و دانش در جهان واقع بر اساس فیزیک کلاسیک توسعه خواهد یافت و پیش خواهد رفت.

به عنوان هم پایه و زوج فضا بُعدی به نام زمان وجود دارد تا با هم دیگر تشکیل وضعیت ژلهیی فضا زمانی را در گستره یی محدود از گیتی بدهند و نه در جزء و در جهان پدیدارها بُعدی به نام بُعد چهارم و زمان وجود دارد. طول و عرض و ارتفاع تنها ابعاد جهان ما هستند و حتا در جهان زیر ذره ها که شالودهی جهان ما هستند تنها سه بُعد واقعی وجود دارد و ابعاد بیش تر که گاهی آن ها را به ۹ و ۱۱ هم میرسانند ابعاد خیالی هستند و زاییده ی تخیلات غیر منطقی و غیر عقلانی فیزیک دانان کوانتوم است[۳]. زمان تنها یک مفهوم انتزاعی ست و آشکارا و ملموس و واقعی و حقیقی بُعدی به نام زمان در جهان وجود ندارد. ما به ناچار برای فاصلهی گذار دو نقطه قائل به مفهومی انتزاعی محض تحت عنوان زمان شدهایم. بهتر است تا زمان را هم این چنین تعریف کنیم که "زمان مفهومی انتزاعی محض برای تعریف فاصلهی گذار میان دو نقطه است." فیزیک دانان شاخصهها و وضعیت متریک ابعاد سه گانه ی طول و عرض و ارتفاع را به شیءیی خیالی به نام زمان نسبت میدهند و این گونه این شیء خیالی را از چنبرهی انتزاع خود بیرون میآورند و برای آن وجود واقعی و حقیقی قائل میشوند. در صورتی که به واقع اصلن این چنین نیست و وضعیت و شاخصه های متریک فقط خاص ابعاد واقعی سه گانه هستند. در عرصهی فضا ما با "سرمدی" (بی آغاز و بی پایان = ازل و ابد) مواجه هستیم. فضا با گسترهی سرمدی از زمان تهی میشود و زمان در گسترهی سرمدی "بی معنا" و "بی مفهوم" خواهد بود.

---

۳ بر این اساس در فیزیک دارای دو بُعد هستیم که یکی بُعد واقعی و دیگری بُعد خیالی است.

فضا همان مطلق و نامتناهی است. فضا یک شی ء نیست که بر عدم وجودش استدلال شود. فضا بی کران است و یک شیء درون بی کران جای می گیرد و ما می توانیم بر وجود و ناوجود آن شیء درون فضا و یا نامتناهی استدلال و استشهاد کنیم.
من فرمول و معادله یی را که برای مطلق و یا فضای مطلق و یا نامتناهی در نظر دارم و پیش نهاد می کنم $S= M^xE^n$ است.[٤]

---

۴ $S= M^xE^n$. S مخفف و نماینده‌ی Space یا فضا است و M نماینده‌ی ماده و جرم موجود در جهان است و E نماینده‌ی انرژی هست و توان x نماینده‌ی مجهولی جرم و ماده‌ی جهان می‌باشد که البته به معنای بی‌نهایت نیست و توان n نماینده ی بی‌نهایت و نامتناهی بودن انرژی است.

سفید تپه

بر اساس فرمول ها و معادلات جهان فیزیک اگر ستاره یی که حداقل جرم اش ۲۰ برابر جرم خورشید ما باشد از شعاع شوارتزشیلد[۵] خود فشرده‌تر شود در خود رمبش می‌کند و باعث سوراخ شدن فضا- زمان که همانند یک فرش ژلهیی در گیتی گسترانده شده می‌شود و "سیاه چاله" بوجود می‌آید.

---

۵ شوارتزشیلد. برگرفته از نام کارل شوارتزشیلد (Karl Schwarzschild) فیزیک دان و ستاره شناس آلمانی. شوارتزشیلد در چارچوب فضا - زمان به این باور و این معادله دست یافت که هر چیز تا یک شعاع مخصوص توان فشرده شدن را دارد و آن شعاعِ شعاعِ شوارتزشیلد نامیده می‌شود. بر اساس این باور اگر جسمی از شعاع شوارتزشیلد آن فشرده تر شود تبدیل به یک مرکز پرتوان گرانشی خواهد شد که حتی نور هم توان گریز از آن مرکز پرتوان گرانشی را نخواهد داشت و به همین علت آن مرکز پرتوان گرانشی را سیاه چاله می‌نامند.

در این جا ناخود آگاه ذهن انسان متوجه ی نظریه‌ی "بیگ بنگ" می‌شود. بر اساس نظریه ی بیگ بنگ در ۱۳/۷ میلیارد سال پیش همه چیز جهان و به عبارتی ماده و انرژی و پاد ماده و هر چیز دیگر آن چنان فشرده می‌شود که این فشردگی نه تنها قانون شعاع شوارتزشیلد را لگدمال و به گوشه‌یی شوت می‌کند بلکه همه چیز در یک ذره به اندازه ی یک اتم فشرده می‌شود و آن اتم پس از این تراکم فوق تصور منفجر می‌شود و بیگ بنگ و یا انفجار بزرگ صورت می‌گیرد و تمامی این جهان هستی از آن اتم متراکم بیرون جهیده است.

آن چه دست گیرم شده این است که هم چنان که در جهان فلسفه می‌توانیم استدلال را به هر جانبی بچرخانیم و برای اثبات هر باوری استدلال ها بکنیم در جهان فیزیک هم این روش صادق است و کاربرد فراوان دارد. در جهان فیزیک فرمول و معادله به جای استدلال می‌نشیند و فیزیک دانان همانند فلاسفه فرمول و معادله را در راستای اهداف و امیال و خواسته های خود به کار می‌گیرند. حال ممکن است این اهداف و خواسته ها صد در صد ضد عقلی باشند اما دانشمندان فیزیک می‌توانند برای این دست خواسته ها و اهداف فرمول بسازند و چون فرمول ساخته می‌شود خواسته و نظر خود را درست می‌دانند و جای شکی برای ابطال آن نمی‌بینند.

همین گونه که پیش تر هم آورده شد دستگاه چرخ گوشت هالیوودی فیزیک ما را ناامید نمی‌کند و هر چه در آن بریزیم چیزی پس خواهد داد. حالا چه چیز پس بدهد خدا می‌داند. اما هر آن چه را پس داد همان چیز دانش مطلق و وحی منزل است و مخالفت با آن حکم تکفیر را دارد.

فیزیک و به خصوص فیزیک کوانتوم دارای این پتانسیل است که حتا برای "هیچ" فرمول و معادله بیافریند. هیچ به ذات دارای موجودیت نیست و هر چیزی را که بخواهیم هیچ بنامیم همان چیز یک چیز است و نمی‌تواند هیچ باشد. از آن جایی که هیچ به ذات دارای موجودیتی نیست نمی‌تواند به چیزی اطلاق شود و یا چیزی به آن تعلق گیرد. اما فیزیک کوانتوم می‌تواند برای هیچ هم فرمول و معادله بیافریند.

هم چنان که در فلسفه نمی‌توان به بسیاری از استدلال ها و نتایج آن ها تکیه داشت در فیزیک هم نمی‌توان به بسیاری از فرمول ها و نتایج آن ها تکیه کرد. اما متاسفانه هم در فلسفه و هم در فیزیک به این بسیاری ها تکیه شده و بسیاری از استدلال ها و نتایج فلسفی برای این اقلیم وحی مُنزل هستند و بسیاری از فرمول ها و نتایج فیزیکی برای اهالی فیزیک وحی مُنزل خواهند بود.

پیش از این آوردم که بحث سیاه چاله ناخود آگاه ذهن انسان و یا حداقل ذهن مرا متوجه‌ی نظریه‌ی بیگ بنگ می‌کند. پرسش من این است. چرا آن گاه که تمام مواد هستی به جانب تراکم یک ذره پیش می رفتند شعاع شوارتز شیلدی در خود رمبش نکرد؟

از جانبی دیگر فیزیک دانان برای سیاه چاله قائل به عمر هستند. اگر یک جرم و به عبارتی روشن تر رمبش یک جرم بسیار سنگین و متراکم بتواند فضا زمان را سوراخ کند این سوراخ که سیاه چاله نام دارد آن چنان

جاذب خواهد بود که نور هم توان گریز از چنبره‌ی بلع آن را ندارد[6]. ما اگر فضا زمان را همانند یک فرش ژله‌یی در نظر آوریم سیاه چاله با ایجاد گرانش مطلق هر چیزی و حتا نور را از یک جانب به درون می‌مکد و از جانبی دیگر ماده و نور بلعیده شده را پس می‌دهد. صورتی که برای فضا زمان ترسیم می‌شود یک حالت فرش مانند است که اجرام کیهانی بر روی آن می‌غلتند. برخی از این اجرام کیهانی براساس شرحی که گذشت به علت رمبش در خود باعث سوراخ شدن این فرش ژله یی می‌شوند و این سوراخ سیاه چاله نام می گیرد. خواهی نخواهی آن گاه که این فرش فضا زمان از یک جانب سوراخ می شود از جانبی دیگر دهان می‌گشاید و هر آن چه را فرو بلعیده استفراغ می‌کند.

اما آن گاه که تراکم جرم به اندازه یی می‌رسد که می تواند فضا زمان را سوراخ کند نیرویی برتوان و موجودیت فضا زمان غلبه کرده و توانسته بخشی از آن را به کناری بزند و به عبارتی بخشی از فضا زمان را پاره کند و برای خود راه باز کند. از این جانب آن گاه که سیاه چاله بوجود آمد به توان جاذبه‌ی مطلق می‌رسد. به عبارتی دیگر چون سیاه چاله توان جذب و کشش هر چیزی را به درون خود دارد و هیچ چیزی قادر به رهایی از جذب آن نیست پس باید این چنین نتیجه گرفت که سیاه چاله مرکز و قطب جاذبه ی مطلق است. از آن جایی که نور دارای بیش ترین توان سرعت است و با توان ثابت که برابر با ۳۰۰ هزار کیلومتر در ثانیه

---

۶ حتی اگر فیزیک دانان قائل به چاله هم نباشند و سیاه چاله را در اصل یک مرکز پرتوان گرانشی بنامند باز هم در اصل موضوع خللی وارد نیست و صورت مسئله همان است و نقد و مخالفت ما به توان خود باقی است.

است قادر به گریز از جذب سیاه چاله نیست و نور هم به درون سیاه چاله فرو بلعیده می‌شود خواهی نخواهی باید به این نتیجه دست یافت که سیاه چاله دارای معنای دیگری ست و آن معنا "مرکز جذب مطلق" است.

پس چیزی که مرکز جذب مطلق است و هر چیزی را به درون خود فرو می بلعد از بین رفتنی نیست. چون چیزی که مرکز جذب مطلق است بر هر توانی در جهان غالب شده و همه‌ی توان‌ها و قوانین فیزیک تابع قانون و جذب آن هستند. پس بر اساس معادلات خود فیزیک دانانی که باور و معادله‌ی سیاه چاله را بوجود آورده‌اند و به آن دامن زده‌اند و به آن شاخ و برگ داده اند سیاه چاله از بین رفتنی نخواهد بود. این دست از خانم‌ها و آقایان فیزیک دان پس از این که آن همه فرمول و معادله برای اثبات وجود سیاه چاله آفریدند در کسری از ثانیه برای آفریده‌ی خود حکم مرگ را صادر می کنند و به آسانی می‌گویند سیاه چاله دارای عمری است و پس از این که عمرش به پایان رسید بخار می‌شود و محو می‌گردد. به همین آسانی. همین گونه که در بخش نخست هم آوردم بر این باور هستم که جهان (فضا) وضعیتی خلاء گونه ندارد بلکه جهان به صورت مطلق پر است و هیچ کجای جهان چه در فواصل میان کهکشانی و چه درون زیر ذره ها جای خالی وجود ندارد که بخواهیم آن جا را خالی از ماده و انرژی و پاد ماده و ماده و انرژی تاریک بدانیم.

اگر یک جای جهان خالی باشد جهان در همان یک جای خالی فرو می‌رمبد و این محال به ذات است که بتوان چه در اندیشه و چه در واقع جایی را نمایاند و باور داشت که آن جا خالی باشد. بلکه همین گونه که

آورده شد جهان به صورت مطلق پر است و دارای وضعیت استحاله ایست و گاهی انرژی به ماده تبدیل می‌شود و گاهی ماده به انرژی تبدیل خواهد شد و این وضعیت استحاله‌یی چه در حالت خُرد و زیر ذره ها و چه در حال کلان و اندازه های چند میلیارد سال نوری صادق است. البته هم چنان که انرژی و ماده‌ی روشن مدام در حال استحاله به یک دیگر هستند انرژی و ماده ی تاریک هم باید این چنین باشند و مهم‌ترین مصداق همین انرژی و ماده ی روشن هستند.

من روند تولد و تکوین و تبدیل و پیری یک ستاره را آن چنان که دانش ستاره شناسی و فیزیک کیهانی باور دارد و تشریح و تعریف می‌کند باور دارم و می‌پذیرم. اما یک جایی هست که فیزیک و دانش ستاره‌شناسی سپر می‌اندازند و لگام امور را به دست فیزیک "انشتین" و به خصوص لگام امور را در اختیار نظریه‌ی "نسبیت عام انشتین" قرار می‌دهند.

بر این باورم ستاره‌یی که پا به مرحله‌ی پیری می‌گذارد رفته رفته در خود فشرده و فشرده‌تر می‌شود و آن چنان فشرده می‌شود که به مرز شعاع شوارتزشیلد نزدیک می‌شود و آن گاه که تراکم جرم مرز شوارتزشیلد را شکست ستاره دچار انفجار بسیار بزرگی می‌شود که این انفجار را انفجار ابرنواختری می‌نامند. ابرنواختر حجم بسیار بالایی از امواج و انرژی و ذرات و فوتون و نوترینو را که متناسب با جرم متراکم ستاره و شعاع شوارتز شیلد آن است در فضای مطلق و یا جهان نامتناهی آزاد می‌کند. پس از انفجار ابرنواختری به تناسب جرم ستاره و شعاع شوارتز شیلدی

که ابرنواختر را تولید کرده است در محل انفجار مرکز پر توانی از انرژی تولید می‌شود که من این مرکز پر توان انرژی را "سفید تپه" می‌نامم. البته برخی از ستاره ها به تناسب حجم و جرم پس از انفجار کوتوله‌یی را تحت عنوان ستاره‌ی نوترونی و برخی دیگر کوتوله ی سفید از خود برجای می‌گذارند که در مرکز سفید تپه جای دارد.

سفید تپه همانند هر چیز دیگری در جهان آغاز و پایانی دارد. به عبارتی دیگر سفید تپه هم مانند هر چیزی دیگر در جهان متولد می‌شود و زمانی خواهد مرد. اما سفید تپه بر خلاف بسیاری از پدیده‌ها و مظاهر جهان رفته‌رفته تکوین نمی‌یابد بلکه در همان زمان زایش جوان و پرزور زاییده می‌شود و دوران عمر خود را از جوانی به جانب پیر سالی و مرگ سپری می‌کند. باید در نظر داشت هر ستاره‌یی که شعاع شوارتز شیلدرا شکست سفید تپه یی از خود بر جای می‌گذارد.

سفید تپه یک مرکز پر توان انرژی‌ست که به تناسب بزرگی شعاع شوارتز شیلد پر توان‌تر و پر عمرتر خواهد بود. هر سفید تپه دارای یک میدان تاثیرگذاری است که این میدان تاثیرگذار را "میدان رانش" می‌نامم. هر چند سفید تپه اجرام کیهانی را تا فاصله هایی بسیار دورتر از میدان رانش خود می‌تواند مورد تاثیر قرار دهد اما حوزه‌ی اصلی تاثیرگذاری آن میدان رانش است. در میدان رانش نه تنها اجرام بلکه امواج و نور هم تحت تاثیر سفید تپه قرار می گیرند. توان سفید تپه آن چنان بالاست که حتی می تواند بر جهت نور هم تاثیر گذار باشد. سفید تپه بر خلاف باور اشتباه سیاه چاله هر چیزی را دفع و پرتاب می‌کند.

میدان رانش سفید تپه آن چنان پرتوان است که هر چیزی به مرز آن وارد شود تحت تاثیر قرار خواهد گرفت و تغییر مسیر خواهد داد. حتا نور که با سرعت ۳۰۰ هزار کیلومتر در ثانیه سیر می‌کند اگر به میدان سفید تپه نزدیک شود مسیر آن به تناسب توان سفید تپه و به تناسب جوانی و پیر سالی سفید تپه شکسته خواهد شد و تغییر جهت خواهد داد.

همین گونه که آورده شد سفید تپه هم همانند دیگر پدیده ها و مظاهر جهان زمانی بوجود خواهد آمد و زمانی دیگر از میان خواهد رفت. سفید تپه پس از انفجار یک ستاره بوجود خواهد آمد و به تناسب بزرگی ستاره و شعاع شوارتز شیلد آن ستاره پر توان‌تر خواهد بود. بدون شک سفید تپه یی که از ستاره ی "وی وای"[7] (سگ بزرگ) که یک میلیارد برابر خورشید ما است برجای ماند بسیار پر توان تر و دارای عمری طولانی تر از سفید تپه یی خواهد بود که از خورشید ما برجای می ماند. البته اگر خورشید ما توان شکستن شعاع شوارتز شیلد خود را داشته باشد. سفید تپه در اوج جوانی و قدرت زاده خواهد شد و رفته رفته به جانب پیرسالی گام بر می دارد و هم چنان که به دوران پیرسالی خود نزدیک می شود میدان رانش آن کوچک تر و توان تاثیرگذاری آن هم کم تر خواهد شد و شکست جهت نور آن هم کم تر و کم تر می شود. زمانی فراخواهد رسید که سفید تپه کم ترین تاثیر را برجهت مسیر نور خواهد داشت. آن زمان سفید تپه به مرحله ی مرگ خود نزدیک شده است. پس از این

---

۷ وی وای یا سگ بزرگ- Vy canis majoris یا Vy . بزرگ‌ترین ستاره یی که تا کنون کشف و رصد شده است.

مرحله آخرین پرتوهای رادیو اکتیو که پیکره ی سفید تپه را بوجود می‌آوردند و تولید میدان رانش می‌کردند تبخیر شده و در فضای بی کران رها می شوند و سفید تپه کاملن از بین می رود و به عبارتی سفید تپه در این مرحله می‌میرد. مصداقی روشن و در اختیار برای وجود سفید تپه می تواند آزمایش انفجارهای اتمی توسط انسان باشد. انفجارهای اتمی که به دست انسان صورت می پذیرد بیلیون بیلیون بیلیون ... بار از انفجار یک ابر ستاره و حتا از انفجار ستاره یی به اندازه ی خورشید ما کوچک تر و کم تر هستند. اما همین انفجارهای اتمی انسانی هسته و مرکز پُرتوانی همانند سفید تپه تولید می کنند که برای ثانیه‌ها و حتا دقایقی دارای میدان رانش هستند. شاید این هسته‌های مرکزی انفجارهای هسته‌یی حتا در جوان ترین سنین خود هم توان شکست جهت نور را نداشته باشند. ولی در وجود و پایداری این هسته ها شکی نیست و میدانی که این هسته‌ها تولید می کنند هر چیزی را به غیر از نور تحت شعاع قرار خواهند داد. البته امکان دارد همین هسته‌های مرکزی انفجارهای اتمی انسانی در ثانیه‌ها و حتا دقایق نخستین حیات خود که بسیار جوان و پر نیرو هستند دارای این توان باشند که جهت سیر نور را هم بشکنند و تغییر دهند.

می‌توان در آزمایش های هسته‌یی این موضوع را هم مورد تحقیق و مطالعه قرار داد.

نور

سرعت ثابت نور سرعتی ست که نور پس از شتاب نخستین و جدا شدن از منبع نور به خود می‌گیرد و در همین سرعت ثابت می‌ماند. نور پس از جدا شدن از منبع خود باید دارای شتاب نخستین باشد که این شتاب نخستین پس از مدت زمانی فروکش می‌کند و نور به ثابت c و یا به سرعت ۳۰۰ هزار کیلومتر در ثانیه می‌رسد و با این سرعت فضای مطلق و یا جهان نامتناهی را سیر می‌کند.

البته باید در نظر داشت هر چند ثابت c برای تمامی انوار ثابت است اما شتاب‌های نخستین از منبع های متفاوت گونه‌گون خواهد بود. به عبارتی دیگر شتاب های نخستین از منبع های گونه گون با تناسب توان متفاوت دارای تفاوت هستند.

ستاره‌یی را در نظر داشته باشید که هزار بار از خورشید ما بزرگ‌تر باشد. این ستاره در تمامی مراتب از جمله تولید گرما و نور و میدان از خورشید ما پر توان‌تر است. پس بدون شک منبع پمپاژ هر چه پر توان‌تر باشد خواهد توانست ذرات فوتون را با شتاب بیش تری به بیرون پرتاب کند. هر جسمی جرم دارد و هر جرمی وزن. نور از ذرات فوتون تشکیل شده و فوتون ها جسم هستند و اگر فوتون جسم نبود نمی‌توانست عنوان ذره را به خود بگیرد و چون فوتون جسم دارد جرم هم خواهد داشت و چون جرم دارد وزن هم خواهد داشت. این وزن بسیار بسیار اندک است

اما روزی انسان خواهد توانست این وزن را بدست آورد و همگان درخواهند یافت فوتون بی وزن نیست.

در همین راستا شکسته شدن جهت نور نشان از جرم داشتن آن است. بدون شک فوتون ها باید دارای جرم و وزن باشند که توسط نیروهای رانش جهت سیر آن ها شکسته می‌شود. اگر فوتون ها جرمی نداشتند هیچ میدانی بر آن ها تأثیر گذار نبود و نور می‌توانست شعاع و عمق هر میدانی را به خط مستقیم بپیماید. در صورتی که اصلن این چنین نیست و نور در برخورد با میدان ها شکسته می‌شود.

البته نور تنها زمانی که از منبع خود پرتاب می شود دارای شتاب بیش از ثابت c نیست بلکه پس از این که نور با میدان "سفید تپه" هم برخورد می‌کند به تناسب سن سفید تپه تغییر جهت می یابد و شتاب می‌گیرد.

پس نور نه تنها در آغاز و زمان زایش دارای شتاب و سرعت بیش از ثابت c است بلکه زمان هایی که به میدان سفید تپه هم برخورد می‌کند بر سرعت آن افزوده می شود و شتاب می‌گیرد و پا را از ثابت c فراتر می‌گذارد.

قانون رانش عام

کسانی که به نظریه‌ی بیگ بنگ قائلند و به این نظریه دامن زده‌اند آن چنان توسط فرمول چهره‌ی زیبا و بزک شده‌یی ارائه داده‌اند که مخاطب راهی به جز باور نظریه‌ی بیگ بنگ ندارد. آن‌ها برای این که این نظریه از پس تمامی پرسش‌ها برآید همه‌ی مواد را در یک ذره‌ی اتمی می‌گنجانند و آن ذره را تا ده‌ها بیلیون بیلیون تریلیون گرم می‌کنند و پس از آن کلید انفجار بزرگ را می‌زنند و ثانیه‌ی نخستین انفجار را چنان با آب و تاب و فرمول و معادله بیان می‌دارند که هر مخاطبی گیج و منگ انگشت به دهان می‌ماند.

این‌ها همه خواهش‌های فلسفی چند فیزیک‌ دان است که از بد روزگار بلدند فرمول بسازند. اصلن در فرمول کوچه‌ی بن بست وجود ندارد. از آن جایی که ثانیه یک واحد زمانی است ما می‌توانیم آن را توسط فرمول و معادله به ۱۰ به توان منفی ۱۰۰ ($10^{-۱۰۰}$) و حتا بیش تر هم تقسیم کنیم. اما در جهان واقع این چنین نیست که فیزیک دانان می‌گویند. در یک میلیاردم ثانیه و حتا در یک میکرو ثانیه (یک میلیونم ثانیه) انرژی فرصت تبدیل شدن به ماده را ندارد. اما جنابان فیزیک‌ دان نه تنها در یک ثانیه بلکه در یک میکرو ثانیه و حتا در یک میلیاردم ثانیه چند استحاله و چند گونه گونی را برای انرژی و ماده قائلند.

به واقع ما دارای دو زمان که یکی "زمان معمول" و دیگری "زمان شتاب" است هستیم. اگر ما باورمند به بیگ بنگ باشیم زمان در هنگام بیگ بنگ در حالت شتاب است و با آن شتاب بسیار بالای نخستین پس از انفجار بزرگ به انرژی و ماده این اجازه را نمی‌دهد تا در ثانیه‌ی نخستین این چنین که فیزیک دانان می‌نویسند و می‌گویند استحاله و از گونه‌یی به گونه‌ی دیگر تبدیل شوند. البته در زمان معمول هم انرژی - ماده آن چنان دارای فرصت نیستند تا در یک ثانیه گونه گون شوند و استحاله بپذیرند. اما از آن جایی که فرمول این امر را امکان پذیر می سازد فیزیک دانان آن را امر مطلق می دانند.

شتاب هرچه بیشتر باشد ماده و انرژی فرصت کم تری خواهند داشت تا استحاله و گونه گون شوند. چنین می‌اندیشم که آفرینش نظریه‌ی بیگ بنگ تنها دست و پا کردن منبع و مرجع توجیهی برای سرعت اجرام کلان کیهانی همانند کهکشان ها بوده و بس.

اگر ما قائل به نظریه‌ی بیگ بنگ باشیم خواهی نخواهی باید این مهم را هم پذیرا باشیم که پس از شتاب نخستین رفته رفته از سرعت اجرام و کهکشان ها کاسته می‌شود. به فرض اگر ما براساس نظریه ی بیگ بنگ برای ساعت دوم پس از انفجار قائل به سرعت ۹۵٪ از سرعت نور برای ماده - انرژی باشیم بر اثر کاهش یافتن نیروی فشار از یک جانب و از جانب دیگر سنگین و سنگین تر شدن اجرام در گذر زمان و همچنین از جانبی دیگر اصطکاکی که جسم با هوا دارد از سرعت کاسته می‌شود.

نیرویی در پس صورت این جهان هست که اجرام کیهانی را با سرعتی ثابت حرکت می‌دهد و به وجود آورنده‌ی "ثابت کیهانی" است. باید این

نیروی بسیار قدرتمند را که باعث سرعت ثابت اجرام کلان مقیاس همانند کهکشان ها می‌شود "نیروی رانش بزرگ" نام نهاد.

۱) سرعت اجرام کلان کیهانی (همانند کهکشان ها) گویای این واقعیت است که یا باید از جایی پرتاب شده باشند و یا توسط نیرویی حرکت کنند.

۲) اگر اجرام کیهانی از جایی پرتاب شده باشند (نظریه ی بیگ بنگ) باید دارای شتاب نخستین و رمبش پسین باشند.

۳) اگر اجرام کلان کیهانی دارای سرعت ثابت باشند نه شتاب نخستین داشته‌اند و نه رمبش پسین پیش روی آن‌ها خواهد بود.

سرعت ثابت و یا ثابت کیهانی برای جرم کلان مقیاس نشان دهنده و تأیید کننده‌ی نیروی رانش بزرگ است و ابطال نظریه ی بیگ بنگ و نظریاتی از این دست را به همراه خواهد داشت. نیروی رانش بزرگ تمامی اجرام کیهانی را با یک سرعت یکسان در عرصه‌ی نامتناهی می‌راند و از هم دور می‌کند. نیروی رانش بزرگ در میان نیروهای بنیادین طبیعت بزرگ‌ترین و مهم‌ترین و تواناترین نیرو است. هر چند انرژی تاریک در قالب انرژی ها تعریف می‌شود و یک پدیده‌ی استحاله‌یی و تبدیلی است اما نیروی رانش بزرگ و انرژی تاریک می‌تواند یک چیز باشند.

هم چنان که نیروی رانش بزرگ ماده و انرژی روشن را با سرعت ثابت می‌راند ماده‌ی تاریک را هم با سرعت ثابت می‌راند. بر همین اساس اگر نیروی رانش بزرگ و انرژی تاریک را یکی بدانیم نتیجه‌ی رانش ثابت کیهانی است و این انرژی تاریک را که باعث رانش جهان می‌شود "نیروی رانش بزرگ" نام گذاری می‌کنم.

بر اساس قانون عام رانش نیروی رانش بزرگ بر گرانش و چگالی بحرانی غالب است و ماده و ذرات جهان را از هم وا می‌پاشاند. هر چند ماده و ذرات جهان بر اساس ثابت هابل از هم دور می‌شوند اما نیروی رانش در صورت کلان واره جهان را با سرعتی برابر با سرعت نور و به احتمال فراوان با سرعتی بیش از سرعت نور از هم دور می‌کند و در نهایت وا می‌پاشاند.

منابع

۱- فیزیک و فلسفه- نویسنده برنارد دسپانیا- ترجمه رسول رکنی زاده- نشر ققنوس.

۲- فیزیک و واقعیت- نویسنده آلبرت آینشتاین — ترجمه محمدرضا خواجه پور- نشر خوارزمی.

۳- نسبیت- نویسنده آلبرت آینشتاین- ترجمه محمدرضا خواجه پور- نشر خوارزمی.

٤- مجله نجوم- فیزیک و کیهان شناختی.

٥- نظریه ی کوانتوم- نویسنده جان پاکینگ هُرن- ترجمه حسین معصومی همدانی- نشر فرهنگ معاصر.

٦- دانشنامه‌ی فیزیک- سرویراستار متن انگلیسی جان ریگدن- سرویراستار برگردان فارسی محمدابراهیم ابوکاظمی- ناشران: مرکز تحصیلات تکمیلی در علوم پایه و بنیاددانشنامه‌ی بزرگ فارسی.

۷- نجوم به زبان ساده — مایر دگانی — برگردان محمدرضا خواجه پور — مؤسسه‌ی جغرافیایی و کارتوگرافی گیتاشناسی.

اگر از خواندن این کتاب لذت بردید به شما پیشنهاد می‌دهم که این کتاب را به دوستان خود نیز هدیه دهید.

گفته قدیمی است که می‌گوید کتاب بهترین دوست است و چه زیباست که این بهترین دوست را به دوستان‌مان هدیه دهیم.

برای تهیه کتاب بار کد زیر را اسکن کنید:

گروه فرهنگی KPH افتخار دارد که برای اولین بار آثار با ارزش نویسندگان ایرانی را در دسترس ایرانیان قرار دهد.
با تهیه و خواندن کتاب‌های فارسی و با ارزش، نویسندگان توانمند ایرانی را حمایت کنید:

https://kphclub.com